玉米的故事

为什么我们需要『转基因』

何川 吴潇 梁晋刚 著

U0247350

上海科学技术出版社

图书在版编目（ＣＩＰ）数据

玉米的故事 / 何川，吴潇，梁晋刚著. -- 上海：
上海科学技术出版社，2022.12
　　（为什么我们需要"转基因"）
ISBN 978-7-5478-5950-6

Ⅰ. ①玉… Ⅱ. ①何… ②吴… ③梁… Ⅲ. ①转基因
植物－玉米－少儿读物 Ⅳ. ①S513-49

中国版本图书馆CIP数据核字(2022)第216658号

玉米的故事

何　川　吴　潇　梁晋刚　著

上海世纪出版（集团）有限公司
上 海 科 学 技 术 出 版 社　出版、发行
（上海市闵行区号景路 159 弄 A 座 9F–10F）
邮政编码 201101　　www.sstp.cn
上海展强印刷有限公司印刷
开本 787×1092　1/16　印张 6.25
字数 90 千字
2022 年 12 月第 1 版　2022 年 12 月第 1 次印刷
ISBN 978–7–5478–5950–6/S·248
定价：48.00 元

序一

植物驯化与改良成就了人类文明

遥想在狩猎采集时代，当原始人类漫步在丛林中采摘野果充饥时，他们绝不会想到，手中这些野生植物的茎、叶、果实，会在后世衍生出那么多的故事。反之，当现代人忙碌穿梭在清晨拥挤的地铁和公交之间时，他们也不会想到，手中紧握的早餐，却封藏着前世的那么多秘密。你难道不对这些植物的故事感兴趣吗？

从原始的狩猎采集到现代的辉煌，这是一段极其漫长的时光，但是在宇宙运行的轨迹中，这仅仅是短暂的一瞬。在如此短暂的瞬间，竟然产生了伟大的人类文明和众多的故事，这不能不说是一个奇迹。但这些奇迹却由一些不起眼的野生植物和它们的驯化与改良过程引起，这就是我们不知道的秘密。

最初，世间没有栽培的农作物，但是在人类不经意的驯化和改良过程中，散落在自然中的野生植物就逐渐演

1

变成了栽培的农作物，而且还成就了人类的发展和文明，产生了许多故事。你能想象，一小队不断迁徙、疲于奔命，永远在追赶和狩猎野生动物、寻找食物的人群，能够发展成今天具有如此庞大规模的人类和现代文明吗？而另一群人，能够开启大脑的智慧，驯化和改良植物，定居下来、守候丰收、不断壮大队伍，有了思想和剩余物质和财富的人类，一定能够走进文明。

因此，植物驯化是人类开启文明大门的里程碑，栽培植物的不断改良是人类发展和文明的催化剂。

植物驯化和改良为人类提供了食物的多样性和丰富营养，包括主粮、油料、蔬菜、水果、调味品，以及能为人类抵风御寒和遮羞的衣物。这些栽培农作物的背后有着许多有趣的科学故事，而且每一种农作物都有属于自己的故事。但这些有趣的科学故事，不一定为大众所熟知。就像农作物的祖先是谁？它们来自何方？属于哪一个家族？不同农作物都有何用途？如何在改良和育种的过程中把农作物培育得更加强大？经过遗传工程改良的农作物是否会存在一定安全隐患？

这些问题，既令人兴奋又让人感到困惑。然而，你都可以在这一套"为什么我们需要转基因"系列丛书的故事中找到答案。

丛书中介绍的玉米是世界重要的主粮作物，也是最成功得到驯化和遗传改良的农作物之一，它与水稻、小麦、马铃薯共同登上了全球 4 种最重要的粮食作物榜单。玉米的起源地是在中美洲的墨西哥一带，但是现在它已经广泛种植于世界各地，肩负起了缓解世界粮食安全挑战的重担。

大豆和油菜不仅是世界重要的油料作物，而且榨过油的大豆粕和油菜籽饼也大量作为家畜的饲料。在中国，大豆和油菜更是作为重要的蔬菜来源，我们所耳熟能详的美味菜肴，如糟香毛豆、黄豆芽、各类豆腐制品、爆炒油菜心和白灼菜心等，都是大豆和油菜的杰作。

番木瓜具有"水果之王"和"万寿果"之美誉，是大众喜爱的热带水果植物。一听这个带"番"字的植物，就知道它是一个外来户和稀罕的物种，资料证明，番木瓜的老家是在中美洲的墨西哥南部及附近地域。番木瓜不仅香甜可口，还具有保健食品排行榜"第一水果"的美誉。此外，番木瓜还可以作为蔬菜，在东南亚国家，例如泰国、柬埔寨和菲律宾等，一盘可口清爽的"凉拌青木瓜丝"真能让人馋得流口水。

棉花也是一个与现代人类密切相关的农作物。在我们绝大多数地球人的身上，肯定都有至少一件棉花制品。棉花原产于印度等地，在棉花引入中国之前，中国仅有丝绸（富人的穿戴）和麻布（穷人的布衣）。棉花引入中国后，极大丰富了中国人的衣料，当年棉花被称为"白叠子"，因为有记载表示："其地有草，实如茧，茧中丝如细纩，名为白叠子。"现在，中国是棉花生产和消费的大国，中国的转基因抗虫棉花研发和商品化种植，在世界上也是名噪一时。

随着全球人口的不断增长，耕地面积的逐渐下降，以及我们面临全球气候变化的严峻挑战，世界范围内的粮食安全问题越来越突出，人类对高产、优质、抗病虫、抗逆境的农作物品种需求也越来越大。这就要求人类不断寻求和利用高新科学技术，并挖掘优异的基因资源，对农作物品种进一步升级、改良和培育，创造出更多、更好的农作物品种，并保证这些新一代的农作物产品能够安全并可持续地被人类利用。

如何才能解决上述这些问题？如何才能达到上述的目标？相信，读完这五本"为什么我们需要转基因"系列丛书中的小故事以后，你会找到答案，还会揭开一些不为人知的秘密。

民以食为天，掌握了改良农作物的新方法和新技术，我们的生活就会变得更美好。祝你阅读愉快！

复旦大学特聘教授

复旦大学希德书院院长

中国国家生物安全委员会委员

2022 年 11 月 30 日夜，于上海

序二

　　本书主题"为什么我们需要转基因——大豆、玉米、油菜、棉花、番木瓜"是一个很多人关心，很多专业人士都以报告、科普讲座等从不同角度做过阐释，但仍感觉是尘埃尚未落定的话题。作者所选的大豆、玉米、油菜、棉花、番木瓜等既是国内外转基因技术领域现有的代表性物种，也是攸关百姓生活的作物。作者在展开叙说时用心良苦，这从全书的布局、落笔的轻重和篇章的设计都能体会到。当然这个时候出版"为什么我们需要'转基因'"系列科普图书或有应和今年底将启动的国家"生物育种重大专项"的考虑。

　　书名涉及的几个关键词值得咀嚼一番。首先这里的"我们"既泛指中国当下自然生境下生存生活的市井百姓，也是观照到了所有对转基因这一话题感兴趣的人们，包括政策制定者、专业技术人员、媒体人士和所有关注此话题的读者。"需要"则既道出了当下种质资源和种源农业备受关注，强调保障粮食安全和生物安全是国家发展的重大战略需求的时代背景，也表达了作者和所有在这一领域工作的专业技术人员的态度。在具体作物前加上"转基因"这一限定词，直接点出了本套书的指向，就是不避忌讳，对转基因技术应用的几个典型物种作一番剖解。值得一提的是，作者在进入"为什么我们需要转基因——大豆、玉米、油菜、棉花、番木瓜"这些代表性转基因作物这一正题前，先用了不少于全书三分之一的篇幅切入对这些作物的起源、分类、生物学形态、生长特性、营养及用途、种植相关的科学知识，转基因育种的原因、方法和进展，以及相关科学家的贡献做了详尽介绍。如大豆一书在四章中就有两章的篇幅是对大豆身世、大豆的成分与用途、食用方法及相关的趣味性知识性介绍。这样的铺垫把这一大宗作物与读者的关系一下子拉近了许多，在传递知识的同时增加了读者的阅读期待。

而在进入转基因和转基因技术及其作物这些大家关心的章节时，作为部级转基因检测中心专家的作者的叙述和解读是克制、谨慎的，强调了中国积极推进转基因技术研究，但对于转基因技术应用持谨慎态度的立场和政策，这从目前国内批准、可以种植并进入市场流通的转基因作物只有棉花和番木瓜两种可见一斑。在相关的技术推进、政策制定和检测技术、对经过批准的国外进口转基因原料管理的把关等都有严格的管理和规范。作者在把这一切作为前提——点到澄清的同时，分析了国内外的转基因技术发展的态势、转基因技术的本质，并对广大市民关心的诸如：转基因大豆安全吗？中国为什么要进口转基因大豆？转基因玉米的安全性问题？转基因食用安全的评价？转基因食品和非转基因食品哪个更好？转基因番木瓜是否安全等问题——作了回应。

坦诚地讲，作者这种敢于直面敏感话题的勇气令人钦佩、把不易表述清楚的专业事实作了尽可能通俗易懂解读的能力值得点赞！但是感佩的同时还是有一点不满足，就是转基因技术的价值，加强转基因技术研究之于14亿人口、耕种地极为有限的中国的重要性的强调力度仍显不够。当然这或许是圈内人应有的慎重。相信随着更多相关研究的推进，随着人们对转基因技术的作用和价值有了更深入的了解和认知，作者在再版这套书时会给我们带来更多的信息和惊喜。

上海市科普作家协会秘书长　江世亮

目录

玉米的历史 ·· 1

1. 玉米为什么叫"玉米"? ······················· 3

2. 玉米"出生"在哪里? ························· 5

3. 玉米是什么时候传入中国的? ················· 8

玉米的种植 ·· 11

4. 玉米在我国哪些地方种植? ··················· 13

5. 玉米在全球哪些国家生产和消费? ············· 14

玉米的种类和用途 ·································· 21

6. 玉米有哪些种类? ··························· 23

7. 五彩斑斓的玉米是染色的吗? 是转基因的吗? ····· 26

8. 玉米有哪些用途? ··························· 28

9. 玉米有哪些营养价值及功效? ················· 31

10. 玉米有哪些吃法？ ·································· 34

转基因玉米 ·· 41

11. 玉米有哪些病虫害？ ···························· 43

12. 为什么研究转基因玉米？ ···················· 49

13. 外源基因是怎么转入玉米的？ ·············· 52

14. 国内外有哪些转基因玉米？ ·················· 56

15. 中国可以种植转基因玉米吗？ ·············· 57

16. 转基因玉米的安全性问题？ ·················· 60

17. 怎么判断玉米是否是"转基因玉米"？ ········ 62

18. 玉米育种功勋人物 ······························ 63

19. 玉米谣言粉碎机 ································· 66

20. 农业转基因生物安全证书 ···················· 71

参考文献 ·· 84

玉米的历史

哥伦布发现新大陆后，一种神奇的植物从美洲被带到了欧洲，约 500 年前，这种美洲作物被传入中国，它就是如今的玉米。关于玉米在中国的最早文字记载，出现在明朝嘉靖三十年（1551）河南《襄城县志》中。李时珍在撰写《本草纲目》行走四方的时候，也发现了这种在中国出现的新奇植物，他对当时玉米的描写是"种者亦罕"。乾隆二十三年（1758），在《沅州府志》中，已经出现了"玉蜀黍，俗名玉米……此种近时楚中遍艺之"的记载。在低调进入中国 200 多年后，玉米的种植在中国开始一发不可收，成为中国人餐桌上的重要主粮，并助力中国成为世界第一人口大国。在我们吃着爆米花，玉米片，或者啃着玉米棒子的时候，你有没有思考过一个问题：万年前的一株野生杂草，究竟经历了什么才变成如今玉米的模样？是谁把玉米传播到中国？又是谁给它取名玉米？除了玉米，它还有哪些名字呢？

1. 玉米为什么叫"玉米"？

玉米（英文：Maize，学名：*Zea mays* L.）是禾本科、玉蜀黍属的一年生植物。在我国又被称为苞谷、苞米、棒子、玉茭等，光看这样式繁多的中文名，就知道玉米自从明代传入我国后广受国内各地区百姓的爱戴。

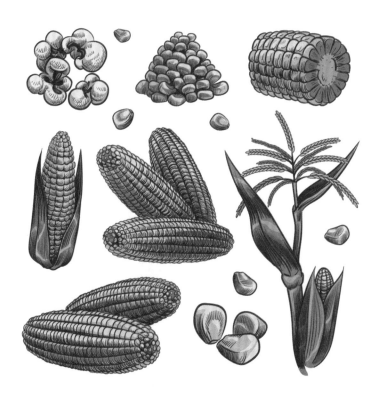

玉米

3

起初，玉米并不叫"玉米"，因为它的穗像棒子，所以被形象地称为"棒子"（现在还有很多地方称"玉米棒子"），而"玉米"这个名字可能和清末的慈禧太后有关。据说，当年八国联军进攻北京的时候，慈禧挟光绪皇帝仓皇出逃，当天晚上慈禧一行人逃到一个村庄，饥肠辘辘，迎接的人就先煮了鲜玉米给慈禧、光绪和随行人员吃。附近的村民也送来了刚蒸熟的玉米面窝窝头。慈禧吃了觉得特别香，就问这是用什么做的。下面的人告诉她，这是用棒子做的。慈禧听了后说，这么好吃的东西为什么要叫"棒子"这样的名字。于是，慈禧就改了个名字叫"御米"，就是御用之米的意思。后来，传着传着，"御米"就变成了"玉米"。

玉米面窝窝头

慈禧吃玉米面窝窝头

2. 玉米"出生"在哪里?

　　玉米的祖先是一种生长在墨西哥的细长型野草——大刍草（又称"类蜀黍"）。玉米最早出自拉丁美洲的墨西哥、秘鲁一带，有考古为证。在墨西哥，发现了距今 7 000 年的玉米碳化颗粒，而在该国博物馆，还可看到 3 500 年前的玉米化石和石磨，让人想象着先民生产、加工与享用这一食物的情形。在秘鲁，考古发现了 4 500 年以前的玉米，还发现 4 700 年前用于储藏玉米的石结构仓库。

1492 年，航海家哥伦布将他在靠近美洲大陆海地岛看到的玉米报告呈献给西班牙国王，他把那里独有的重要农作物称之为"神奇的谷物"，描述其"甘美可口，焙干，可以做粉"。

1494 年，哥伦布再度航海归来，向西班牙国王献上了玉米果穗。哥伦布发现美洲新大陆并将玉米带回欧洲，后来玉米传遍世界各地。在欧洲，玉米一度被作为观赏植物。

墨西哥野玉米（图片源自美国农业部网站）

玉米神 Yum Kax

3. 玉米是什么时候传入中国的？

玉米传入中国说法不一，但从路径分，无非是海路和陆路。

海路经东南沿海传入内地，即由葡萄牙人或在菲律宾等地经商的中国人经海路传入中国，并认为玉米很可能是 16 世纪初通过海路传入中国沿海和近海省份，再向内地省份发展。而菲律宾的玉米，则是 16 世纪由欧洲传入的。

陆路有两条，一条由印度、缅甸传入云南的西南路线；另一条则经古代波斯、中亚到甘肃的西北线。也有人认为，是葡萄牙人在大约 16 世纪初将玉米传入印度、孟加拉国等地，而后从印度经西藏传入了内地。还有人认为，云南应当是玉米进入中国大陆的最先落地生根的地方。

根据明代正德六年《颍州志》里记载的国内有关玉米的最早文献，推断玉米传入我国可能是在 1 500 年前后，这距离哥伦布发现美洲不到 40 年。到明代末年（1643）为止，玉米已经传播至河北、山东、河南、陕西、甘肃、江苏、安徽、广东、广西、云南十省。浙江、福建两省虽然在明代的地方志中没有记载，但是有其他文献证明在明代当地已经开始栽培玉米了。清初 50 多年间（到 1700 年为止），记载玉米的方志文献比明代多了辽宁、山西、江西、湖南、湖北、四川六省。

1701 年以后，记载玉米的方志更多；到 1718 年为止，又增加了台湾、贵州两省。以上记载证明，在 200 年的时间内，玉米在我国已经传遍二十多个省。

玉米从中南美洲传往世界各地

　　如今，全球有 100 多个国家生产玉米，从北纬 58° 到南纬 35°～40° 的地区均有大量种植，玉米产量占全球粮食总产的 35% 左右。玉米主要分布国有美国、中国、巴西、阿根廷，这四国的玉米总产约占全球总产的 70% 左右，其中美国占 30% 以上，中国占 25% 左右。

玉米的种植

　　问大家一个问题：全球第一大粮食作物是什么？估计很多人都会说小麦，或者水稻，甚至大豆之类的。其实，这些都不正确，玉米才是世界上产量最高的粮食作物，数据统计公司 Statista 根据联合国粮农组织和美国农业部的数据发布了"2021/2022 年度全球不同类型的粮食产量"，玉米在全球粮食总量中占比超过 40%。

　　如今，全世界约有三分之一的人口以玉米为主要食粮，那么这些玉米都是在全球哪些国家生产和消费的呢？玉米作为我国种植面积第三、产量第二大的粮食作物，是我国主要饲料粮和部分地区的主要口粮，目前已发展成为粮食、经济、饲料兼用作物，在国民经济中的地位日益重要。那么，你知道我国有哪些地区种植玉米吗？我国的玉米重要产区分布在哪里？为什么会形成这样的分布呢？

4. 玉米在我国哪些地方种植？

在我国，东起台湾和沿海各省，西至青藏高原和新疆，南起海南，北到黑龙江黑河地区，一年四季均有玉米种植，种植区一般划分为北方春播、黄淮海夏播、西南山地、南方丘陵、西北灌溉、青藏高原6个产区。

① 北方春播玉米区。包括黑龙江、吉林、辽宁、宁夏和内蒙古全部，山西的大部，河北、陕西和甘肃的一部分，是中国的玉米主产区之一。基本上为一年一熟制。种植方式有玉米清种（清一色的玉米连片种植）、玉米大豆间作、春小麦套种玉米3种类型。该区地势平坦，土层深厚，土质肥沃，光热资源较丰富，农业生产水平较高，玉米增产潜力很大，具有商品化生产的优势。

② 黄淮海夏播玉米区。位于北方春玉米区以南，淮河、秦岭以北，包括山东、河南全部，河北的中南部，山西中南部，陕西中部，江苏和安徽北部，是全国玉米最大的集中产区。基本上是一年两熟，且方式多样，间、套、复种并存，复种指数高，地力不足成为限制玉米产量的主要因素。

③ 西南山地玉米区。包括四川、贵州、广西和云南

全省，湖北和湖南西部，陕西南部以及甘肃的一小部分，属温带和亚热带湿润、半湿润气候，雨量丰沛，水热条件较好，但光照条件较差，有90%以上的土地为丘陵山地和高原，在山区草地主要实行玉米和小麦、甘薯或豆类作物间、套作，高寒山区只能种一季春玉米。

④ 南方丘陵玉米区。包括广东、海南、福建、浙江、江西、台湾等省全部，江苏、安徽的南部，广西、湖南、湖北的东部。水田旱地并举，一年三熟，玉米有春播、秋播、冬播，种植面积较小。

⑤ 西北灌溉玉米区。包括新疆全部、甘肃的河西走廊以及宁夏河套灌溉区。一年一熟或两熟，且以水浇地为主，种植面较小。

⑥ 青藏高原玉米区。包括青海和西藏，是我国重要的牧区和林区。玉米是本区新兴的农作物之一，一年一熟，旱地春播单作，栽培历史很短，种植面积不大。

5. 玉米在全球哪些国家生产和消费？

玉米是全球产量最高的粮食作物，也是最主要的饲

用谷物，全年以南北半球分为两个收获期，种植地主要分

布在北美洲、亚洲、南美洲和欧洲。前五个玉米种植大国

分别是中国、美国、巴西、印度和阿根廷。

世界主要玉米种植国 Top 20（单位：公顷）

排序	2020 年		2019 年		2018 年	
1	中国	41 292 000	中国	41 309 740	中国	42 158 995
2	美国	33 373 570	美国	32 916 270	美国	32 891 580
3	巴西	18 253 766	巴西	17 515 920	巴西	16 126 368
4	印度	9 865 000	印度	9 027 130	印度	9 380 070
5	阿根廷	7 730 506	尼日利亚	7 822 149	阿根廷	7 138 620
6	尼日利亚	7 534 493	阿根廷	7 232 761	墨西哥	7 122 562
7	墨西哥	7 156 391	墨西哥	6 690 449	尼日利亚	6 789 577
8	乌克兰	5 392 100	乌克兰	4 986 900	印尼	5 680 360
9	坦桑尼亚	4 200 000	印尼	4 150 990	乌克兰	4 564 200
10	印尼	3 955 340	坦桑尼亚	3 428 630	坦桑尼亚	3 546 448
11	刚果（金）	2 735 473	刚果（金）	2 767 679	刚果（金）	2 825 559
12	俄罗斯	2 731 870	罗马尼亚	2 681 930	安哥拉	2 639 535

（续表）

排序	2020 年		2019 年		2018 年	
13	罗马尼亚	2 680 100	安哥拉	2 642 691	菲律宾	2 511 436
14	南非	2 610 800	菲律宾	2 516 723	罗马尼亚	2 443 950
15	菲律宾	2 553 781	俄罗斯	2 506 247	埃塞俄比亚	2 415 024
16	埃塞俄比亚	2 363 507	南非	2 300 500	俄罗斯	2 375 641
17	莫桑比克	2 286 362	肯尼亚	2 296 174	南非	2 318 850
18	肯尼亚	2 188 911	埃塞俄比亚	2 274 306	肯尼亚	2 273 283
19	安哥拉	2 128 250	马拉维	1 732 516	马拉维	1 685 347
20	马拉维	1 761 836	莫桑比克	1 643 827	莫桑比克	1 613 535

数据来源：国际农业生物技术应用服务组织（ISAAA）。

而美国、中国、巴西、阿根廷和乌克兰，这五个国家占全球玉米总产量的 65%～70%。美国一直是产量最高的玉米主产国，2020 年产量超过 3.6 亿吨，约占全世界产量的 32%。中国玉米产量位列世界第二，年产量 2.6 亿吨，约占全世界产量的 23%。

世界玉米主产国产量 Top 20（单位：吨）

排序	2020 年		2019 年		2018 年	
1	美国	360 251 560	美国	345 962 110	美国	364 262 150
2	中国	260 876 476	中国	260 957 662	中国	257 348 659
3	巴西	103 963 620	巴西	101 126 409	巴西	82 366 531
4	阿根廷	58 395 811	阿根廷	56 860 704	阿根廷	43 462 323
5	乌克兰	30 290 340	乌克兰	35 880 050	乌克兰	35 801 050
6	印度	30 160 000	印度	27 715 100	印尼	30 253 938
7	墨西哥	27 424 528	墨西哥	27 228 242	印度	28 752 880
8	印尼	22 500 000	印尼	22 586 000	墨西哥	27 169 400
9	南非	15 300 000	罗马尼亚	17 432 220	罗马尼亚	18 663 940
10	俄罗斯	13 879 210	俄罗斯	14 282 352	加拿大	13 884 800
11	加拿大	13 563 400	加拿大	13 403 900	法国	12 580 430
12	法国	13 419 140	法国	12 845 020	南非	12 510 000
13	尼日利亚	12 000 000	尼日利亚	12 700 000	俄罗斯	11 419 020
14	罗马尼亚	10 942 350	南非	11 275 500	尼日利亚	11 000 000
15	埃塞俄比亚	10 022 286	埃塞俄比亚	9 635 735	埃塞俄比亚	10 119 847
16	巴基斯坦	8 464 885	匈牙利	8 229 690	匈牙利	7 930 560
17	匈牙利	8 365 430	菲律宾	7 978 845	菲律宾	7 771 919

（续表）

排序	2020 年		2019 年		2018 年	
18	菲律宾	8 118 546	巴基斯坦	7 883 026	塞尔维亚	6 964 770
19	塞尔维亚	7 872 607	埃及	7 593 140	巴基斯坦	6 826 379
20	埃及	7 500 000	塞尔维亚	7 344 542	坦桑尼亚	6 273 151

数据来源：国际农业生物技术应用服务组织（ISAAA）。

全球玉米主要进口地有中国、墨西哥、日本、欧盟和越南，占全球玉米累计进口量的 50% 左右。可以看到，中国对国际市场上的玉米依赖度逐渐提高，从 2018 年进口排名第 8 位到 2020 年的第 3 位。根据最新数据，中国在 2021 年成为全球最大的玉米进口国。

进口量的提升，主要是饲料用玉米需求的快速增长，尤其是 2020 年，我国生猪养殖产能大幅扩张，而国内玉米种植面积趋稳，导致供应缺口增加，对外进口猛增。而我国的粮食安全总方针为"保障口粮的绝对安全"，所以主要保障国内小麦和大米生产的稳定，玉米则趋向放开，供需主要由市场决定。

世界玉米进口国 Top 20（单位：吨）

排序	2020 年		2019 年		2018 年	
1	墨西哥	15 953 293	墨西哥	16 524 045	墨西哥	17 095 167
2	日本	15 770 056	日本	15 986 093	日本	15 811 520
3	中国	15 738 828	越南	11 447 667	朝鲜	10 166 338
4	越南	12 144 713	朝鲜	11 366 877	越南	9 701 557
5	朝鲜	11 663 975	西班牙	10 012 619	西班牙	9 507 674
6	西班牙	8 067 137	中国	9 615 336	埃及	9 296 176
7	埃及	7 880 031	埃及	8 078 446	伊朗	8 983 174
8	伊朗	6 205 079	伊朗	7 388 742	中国	7 721 474
9	哥伦比亚	6 162 363	意大利	6 394 217	荷兰	6 033 772
10	意大利	5 994 601	荷兰	6 383 336	意大利	5 755 385
11	荷兰	5 945 756	哥伦比亚	5 992 611	哥伦比亚	5 409 552
12	阿尔及利亚	5 010 449	中国台湾	4 806 245	中国台湾	4 178 905
13	中国台湾	4 423 893	中国	4 791 058	阿尔及利亚	4 124 599
14	马来西亚	3 848 547	德国	4 562 511	马来西亚	3 835 700
15	德国	3 802 901	阿尔及利亚	4 356 206	秘鲁	3 556 225
16	秘鲁	3 792 111	土耳其	4 347 475	德国	3 531 247

（续表）

排序	2020 年		2019 年		2018 年	
17	沙特阿拉伯	3 070 882	秘鲁	4 009 801	中国	3 521 512
18	摩洛哥	2 866 673	马来西亚	3 755 359	沙特阿拉伯	3 010 032
19	智利	2 788 951	沙特阿拉伯	3 260 945	葡萄牙	2 703 063
20	英国	2 670 571	英国	2 781 577	英国	2 497 561

数据来源：国际农业生物技术应用服务组织（ISAAA）。

在全球玉米消费中，美国、中国、欧盟、巴西和墨西哥等地占全球消费总量的近 70%。玉米消费主要包括饲用、工业用、食用、种用及其他，饲料消费占比在 60%～70% 之间，燃料乙醇生产消耗玉米量占全球玉米消费总量的 16% 左右。

玉米的种类和用途

　　玉米是世界三大粮食作物之一，在我国很多地区也被作为主要的粮食作物。相信大家都见过和吃过不少种类的玉米，玉米有白色、奶黄色、黄色、紫色，还有几种颜色混搭的，你有没有想过玉米的色彩为什么会如此丰富？这些颜色是怎么来的？难道真的是通过转基因技术生成的吗？

　　玉米从引入我国开始就是直接用来食用的，后来逐渐被发展用于加工成各种食品，我们也一直在不知不觉中食用着玉米。你知道超市里哪些食品中含有玉米的成分吗？玉米的用途远不止这些，它被广泛用作工业原料。你能想到婴儿的爽身粉竟然也是玉米做的吗？你知道玉米还可以生产燃料用于缓解石油危机吗？

　　在所有主食中，玉米的营养价值和保健作用是最高的，对人体十分有益，玉米究竟有哪些独特的营养成分？玉米制成的美食数不胜数，除了充满童年回忆的传统爆米花，你还能想到哪些呢？

6. 玉米有哪些种类？

玉米的品种类型很多，有粮用饲用品种、菜用品种（糯质型、甜质型、玉米笋型）、加工品种（甜玉米、玉米笋）、爆裂型品种（爆米花专用品种）等。

糯玉米起源于中国，是玉米引入我国后形成的新品种，有"中国蜡质种"之称。它的籽粒中胚乳均为支链淀粉，水解后容易形成黏稠的"糊精"。籽粒中直链淀粉含量少，甚至不含直链淀粉，故容易被人体消化和吸收。这种玉米糯性强，黏软、甘甜、风味独特，深受大家喜爱。

糯玉米

甜玉米成熟后含糖量是普通玉米的 2.5 ~ 10 倍，蛋白质含量在 30% 以上，并富含维生素、氨基酸，故鲜嫩多汁，口味甘甜。我们在快餐店中吃到的玉米段，就是一种叫 Jubilee 的普甜型甜玉米，特点是甜度适中，水溶性糖甜度大致为 7% ~ 9%。这种玉米在成熟时，籽粒的表面会收缩，糖分会减少而导致甜味下降。一般会将其加工成罐头食品、冷冻食品，也可以直接食用。这种甜玉米在发达国家的销量比较大，在我国的东南沿海城市种植较多，内陆区域则种植较少。

甜玉米

　　玉米笋是菜用甜玉米，是甜玉米细小幼嫩的果穗，去掉苞叶及须丝，切掉穗梗，即为玉米笋。玉米笋以籽粒尚未隆起的幼嫩果穗供食用。与甜玉米不同的是，玉米笋是连籽带穗一同食用，而甜玉米只食用嫩籽而不食其穗。

玉米笋

　　爆裂玉米的籽粒形状有珍珠型、米粒型两种，它的特点是角质淀粉含量高，籽粒内部的水分遇到高温会爆裂，形成蝴蝶形、蘑菇形的玉米花，作为风味食品爆裂玉米在城市中的消费数量很高。

爆裂玉米与爆米花

7. 五彩斑斓的玉米是染色的吗？是转基因的吗？

市场上常见有各种颜色的玉米，人们开始担心这些色彩斑斓的玉米是否会是染色的，是否会是转基因。其实都不是，这丰富的色彩是大自然赐予人类的礼物，并非人工干预而成。不同的颜色是由不同的基因突变导致的，且在营养上也大有差别。

紫色玉米中含有花青素，是一种强抗氧物质，溶于水，不溶于油，非常容易被人体吸收。花青素有延缓衰老、保护视力、抑制过敏和控制血糖的功效。

黄色玉米中含有叶黄素和玉米黄素，玉米黄素有预防黄斑退化、防止白内障形成的作用，可以延缓眼睛的衰老。

白色玉米中花青素、玉米黄素和叶黄素这些抗氧化物质含量低，但其中糖、淀粉及钾的含量不受影响，也就是说具有普通玉米的营养价值。

五彩斑斓的玉米

8. 玉米有哪些用途?

玉米主要有以下几种用途。

食用　目前，全世界约有三分之一人口以玉米作为主要食粮，所以玉米也是世界上重要的食粮之一。其中，亚洲人的食物组成中玉米占 50%、拉丁美洲占 40%、非洲占 25%。

玉米食品

饲料　玉米是饲料之王，其副产品玉米秸秆也可制成青贮饲料。以玉米为主要成分的饲料，每 2 ~ 3 千克即可换回 1 千克肉产品。世界上 65% ~ 70% 的玉米都被用作饲料，而发达国家饲料用玉米的占比高达 80%，所以玉米是畜牧业赖以发展的重要基础。

玉米饲料

　　产品加工　玉米籽粒还是重要的工业原料，可以用来生产玉米淀粉，世界上大部分淀粉是用玉米生产的。在发达国家，玉米淀粉加工已发展成为重要的工业生产行业。玉米胚芽制油，与其他油料相比营养价值更高，含有极其丰富的蛋白质、矿物质、卵磷脂、维生素 A、维生素 E 等，油酸高达 30%、亚油酸高达 57%。玉米淀粉不仅能加工成玉米挂面、玉米年糕、玉米薄饼、玉米饮料、火腿肠制品等，还能用作婴儿爽身粉。

29

玉米淀粉

　　生物能源　利用玉米可生产出纯度超过 99.5% 的生物乙醇，将它与汽油以恰当的比例混合，能使汽油更加充分地燃烧，减少污染物 CO 和 SO_2 的排放，从而改善大气环境。

玉米生物燃料

生物燃料货运火车

9. 玉米有哪些营养价值及功效?

　　玉米含有脂肪、卵磷脂、谷物醇、维生素 E、胡萝卜素、核黄素及 B 族维生素 7 种营养物质,并且其所含的脂肪中 50% 以上是亚油酸。

　　玉米中的维生素含量非常高,是稻米、小麦的 5~10倍,在所有主食中,玉米的营养价值和保健作用是最高的。玉米中含有的核黄素等高营养物质对人体是十分有益的。

值得注意的是，特种玉米的营养价值要高于普通玉米，而鲜玉米的水分、活性物、维生素等各种营养成分也比老玉米高很多。

但玉米（不包括甜玉米）的蛋白质中缺少人体的必需氨基酸——赖氨酸，故以玉米为主食者要注意从其他食物中补充赖氨酸。

玉米的主要保健作用有以下几点。

① 玉米中含有的植物纤维素能增强人的体力和耐力，具有刺激胃肠蠕动、加速粪便排泄的作用。

② 玉米中所富含的天然维生素 E 有保护皮肤、促进血液循环、降低血清胆固醇、防止皮肤病变、延缓衰老的功效，同时还能减轻动脉硬化和脑功能衰退。

③ 玉米含有 7 种"抗衰剂"，可以有效地预防便秘、肠炎、肠癌和心脏病等疾病。

④ 玉米中含有的黄体素、玉米黄质，可以有效地对抗眼睛老化。

⑤ 在中药里，玉米须又被称为"龙须"，性平，对人体有广泛的预防保健用途。龙须茶有凉血、泻热的功效，

可去体内的湿热之气，还能利水、消肿。在妇科方面，龙须还可用于预防习惯性流产、妊娠肿胀、乳汁不通等症。

⑥ 玉米油可降低人体血液胆固醇含量，对冠心病及动脉硬化症有辅助疗效。

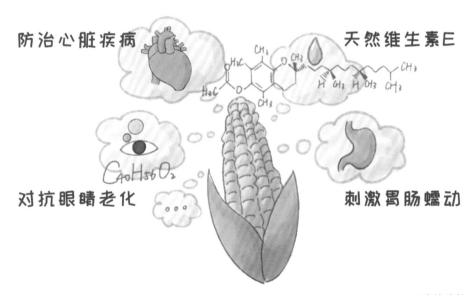

玉米的功效

10. 玉米有哪些吃法？

从爆米花到烀玉米，从玉米面馍馍到苞谷粑粑……小小玉米，开启了我们金黄色的童年，在面条、米饭和土豆之间杀出一方天地。其实，作为四大主食之一的玉米，在中国人的饭桌上是一位新鲜的"后浪"。

玉米粥　有时剩了半个玉米没吃完，可以把玉米粒掰下来，与米饭一起煮成粥，粥里就有了玉米的清香，玉米里也会有米饭的味道，早上喝一碗这样的粥，淡淡的清香可以带来美好的一天。

玉米羹　把玉米粒放入适量的水里煮开，慢火煮上半个小时，直到汤变得黏稠，然后打一个蛋进去搅拌均匀，再慢慢地煮上 10 分钟，一锅营养的玉米羹就做好了。看着清水慢慢地变稠，感觉心也慢慢地温软了。

玉米糊　玉米糊要用玉米粉来做，里面放一些青菜、豆腐，或者香肠之类的，虽然简单，但比快餐店的玉米更美味。

玉米汁　从营养的角度来说，玉米汁是最容易被吸收的，且生产工艺简单、成本低、风味清香可口，适合于男女老少饮用。

玉米粥

玉米羹

玉米糊

玉米汁

烤玉米　一道简单的烤玉米，就能看出中国人吃玉米的各色风味。

北方的烤苞米，整根上炉，烟熏火燎，堪称烧烤界的重金属摇滚；南方的烤玉米，则一粒粒串起来，再涂上

北方的烤玉米

一层蜂蜜水，清甜可口，成就一顿烧烤的悠悠余韵。

这，仿佛是中国南北玉米吃法的缩影。南派婉约，北派豪放，到底哪里的玉米是你的那道心头菜呢？

南方的玉米粒烤串

南国"婉约",堪称餐桌上的小家碧"玉"。南方人吃玉米,可以说是粒粒皆风味。淮扬的翡翠白玉卷,四川的玉米嫩兔、苞谷粑粑,广东的椰汁玉米马蹄爽、咸鲜玉米羹,湖北人则用玉米面调和制作粉蒸肉,湖南人用剁椒混合玉米面直接蒸米饭、蒸扣肉和酸辣香糯的蒜苗炒肉。

玉米排骨汤

北境"豪放"，堪称主食战场的中流砥柱。北方的玉米，是餐桌上的主力大将。山东的玉米面煎饼，甘肃、陕西的玉米面节节、玉米糁糁、玉米面搅团做的面鱼儿，东北铁锅炖的玉米面饼子、松仁玉米、玉米烙、煎饼发糕、大碴子粥和蒸玉米饺子……

松仁玉米

玉米烙

转基因玉米

玉米已经成为我国主要的农作物，南北方都有栽种。2021 年中国粮食喜获丰收，总产量达 6 828.5 万吨，播种面积达 11 763.2 万公顷。其中，玉米播种面积最大，占总播种面积近 37%。通过育种改良培育出的玉米品种已经兼具适应性强、产量高等特点，但频发的病虫害对玉米产量有很大影响。

　　在过去很长一段时间里，农药是用来解决玉米病虫害的主要办法，但过量的喷施又需要付出大量的经济成本并以牺牲生态环境为代价，而且因为农业有害生物抗药性增加，有的农药已经无法抑制病虫害，有的农药需要加量使用，从而进一步加剧农药污染，直接威胁我们的食品安全。

　　为了应对农药污染，转基因玉米应运而生。转基因玉米被转入哪些基因？它们是如何被转入玉米中的？除了抗虫抗病，世界上还有哪些转基因玉米呢？转基因玉米在我国允许种植吗？科学家是根据什么判断转基因玉米对人体和环境没有影响的呢？从外观上是否能看出来转基因玉米？让我们一起来揭秘真相，消除大家对转基因玉米安全性的疑虑。

11. 玉米有哪些病虫害？

病害是影响玉米生产的主要灾害，常年损失6%~10%。据报道，全世界玉米病害有80多种，我国有30多种。目前发生普遍而又严重的病害有锈病、大斑病、小斑病、粗缩病、瘤黑粉病、丝黑穗病等。

玉米锈病　发病初期植株叶片两面长出浅黄色的长形和卵形褐色小脓疱，之后小疱破裂并出现铁锈色粉状物，后期玉米叶片上会出现黑色椭圆形或长条形的凸点。

玉米大斑病　发病初期其患处呈水侵状，之后慢慢变为青灰色，严重时可长出20厘米长的斑，最后变成褐色的枯死斑，若遇雨水，其病斑还会长出黑色的霉状物。

玉米小斑病　小斑病在玉米苗期到成熟期都可发生，患病时叶片出现很多很小的褐色病斑，病斑呈椭圆形。

玉米粗缩病　主要由灰飞虱传播，患病植株会严重矮化，一般只有正常植株的一半高，其叶背侧脉上会出现蜡白色突起物。

玉米瘤黑粉病　主要在茎节、雌穗和雄穗形成形状、大小不同的瘤状物，病瘤开始有白色薄膜包围，然后病瘤迅速膨大，内部逐渐变黑。瘤黑粉病的病瘤外膜破裂后散出大量黑粉落在地面及其他玉米植株上，该病病原物为真菌。

玉米丝黑穗病　主要危害玉米植株的果穗和雄花，其危害十分严重，发病后一般全株颗粒无收。

病害防治措施：选育优良、高产、抗病的玉米品种，从根源上杜绝病源；施肥时注意氮、磷等化肥的合理施用，以便增强玉米植株的抵抗力；实行轮作栽培，深翻土壤，以减少菌源、减轻发病，前期将田间发病的玉米植株拔出，并集中销毁；危害较重的地块可在发病初期开始喷药。

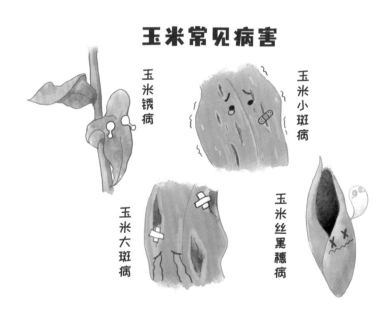

玉米常见病害

玉米虫害主要有以下几种。

玉米螟　是危害玉米的主要虫害，可危害植株的各个部位。在温度较高、海拔较低的地方危害较重。成虫会在生长茂盛的玉米叶背面中脉两侧产卵，幼虫孵出后在植株幼嫩部爬行，并开始危害植株。

玉米暗黑金龟子　玉米暗黑金龟子成虫黑褐色无光泽，腹部臀板部呈半月形且腹部节与节间中央部分分界线明显。玉米暗黑金龟子的幼虫肛门开口于腹部末端。

玉米蚜　主要以刺吸叶片汁液危害，分泌蜜露并产生霉状物，严重影响玉米植株叶片的光合作用，同时玉米蚜还可传播玉米病毒病。

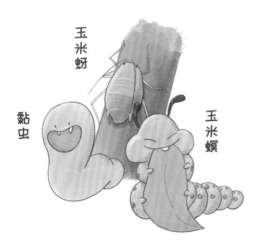

玉米虫害

黏虫　是粮食作物和牧草作物的主要害虫，对玉米危害也较重，主要危害玉米叶片，初期若不及时防治，进入 6 龄阶段的幼虫可在 3~5 天内将整株玉米苗的叶片吃光。

草地贪夜蛾　近年来入侵我国的草地贪夜蛾是一种迁飞性害虫，具有适生区域广、迁飞能力强、繁殖倍数高、暴食危害大、防治难度高等特点。由于该虫害对玉米等秋粮作物具有极大威胁，玉米等秋粮作物受害后可减产 20%~30%，所以被农业农村部列入一类农作物病虫害名录。尤其是在该虫高龄期时具有一定的暴发性，在吃光一片区域的农作物后，又会成群迁移至其他区域的农作物继续危害，从而严重影响作物的生长。

草地贪夜蛾的幼虫会寄生在农作物植株上，并以农作物的叶、茎为食，尤其对玉米的危害极其严重，通常 1 只草地贪夜蛾幼虫就能破坏掉 1 株玉米幼苗。

玉米叶子被草地贪夜蛾危害后会出现半透明薄膜小孔以及长形孔洞，呈不规则形，它能吃掉整株玉米叶片，危害严重时还会导致玉米植株死亡。

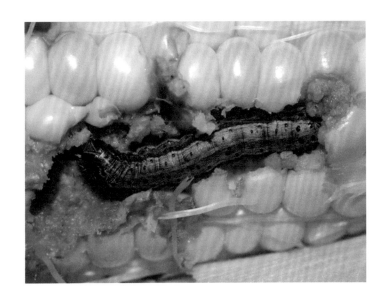

草地贪夜蛾幼虫

|拓展知识|

2020 年 2 月 20 日，农业农村部印发了《2020 年全国草地贪夜蛾防控预案》的通知中提到"在做好新冠肺炎疫情防控的同时，持续推进草地贪夜蛾防治，有效遏制大面积暴发成灾……""虫源基数大""北迁时间提早""发生面积扩大"。通知中还提到，草地贪夜蛾预计要扩散蔓延至黄淮海等北方玉米区，威胁 50% 的玉米种植区域，全年发生面积在 1 亿亩左右。

你可能会问，中国有抗草地贪夜蛾的转基因玉米么？答案是有的。2019 年 5 月份，中国农业科学院植物保护研究所吴孔明教授测试了两种转基因玉米共

6个品种，发现"皆可高效表达目标杀虫蛋白并对草地贪夜蛾具有很强的毒杀作用"。不过，这些转基因玉米迄今都还在实验室中，没有获得安全证书，更别提大规模种植了。所以，如果今年的草地贪夜蛾暴发成灾，防治仍然只能依靠传统的办法，如诱虫灯、一些细菌病毒生物制剂、天敌，以及大规模地喷药——在相关预案里推荐了长长的28种可用农药。

拖拉机喷洒农药

下一步该考虑的或许是，喷这么多药，经济成本和环境代价是多少？这是又一个活生生的案例——由于"被迫"放缓转基因这一科学利器，以及由于转基因作物的商业化被一再搁置，使人类不得不付出沉重的代价。事实上，在过去的 20 多年里，这些经济的、环境的代价被反复提起，但又一次次被忽略。

12. 为什么研究转基因玉米？

玉米是世界三大谷类作物之一，对粮食和饲料生产起着举足轻重的作用。

以杂种优势利用为核心的传统育种方法培育出了许多优良品种，在提高玉米产量上已取得了巨大成功。但这些技术受经典遗传理论的限制，存在一些无法突破的缺点，如育种周期长、优良组合的预见性差、遗传连锁累赘难以打破和无法导入远源的优质外源基因等。

转基因技术是以现代分子遗传学为基础，遗传物质的转化和交流可完全打破物种间生殖隔离，实现物种之间遗传物质的定向转化和交流，能较快地实现优良性状的定点突变，为玉米的遗传改良提供了一条新的分子育种途径。

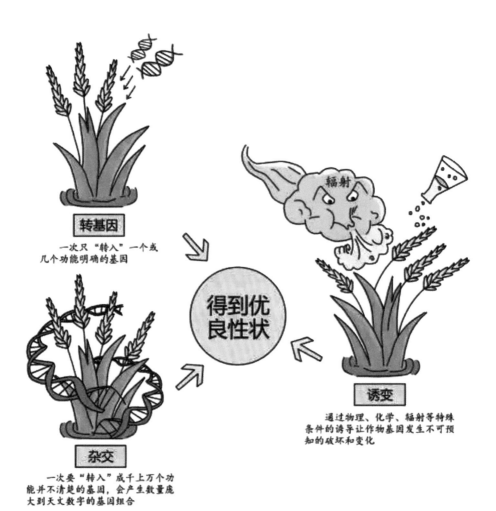

转基因
一次只"转入"一个或
几个功能明确的基因

杂交
一次要"转入"成千上万个功
能并不清楚的基因，会产生数量庞
大到天文数字的基因组合

得到优
良性状

诱变
通过物理、化学、辐射等特殊
条件的诱导让作物基因发生不可预
知的破坏和变化

转基因育种、杂交育种、诱变育种的区别

近年来，玉米作为转基因技术主要的研究对象受到世界各国科学家的重视，大量科研工作者对转基因玉米进行了研究与开发，并取得了显著的进展。

目前已培育出了抗虫、抗除草剂、抗旱、抗病等多种转基因玉米，从而弥补了玉米遗传改良中传统育种方法的局限。

转基因玉米在美国和欧洲一些国家已形成一定的产业规模，并成为全球种植面积第二大的转基因作物。有研究报道称，在美国中西部广泛种植的一种具备抗病虫能力的转基因玉米可导致玉米螟幼虫死亡，从而使普通玉米的种植也受益，由此减少的经济损失每年可达数亿美元。

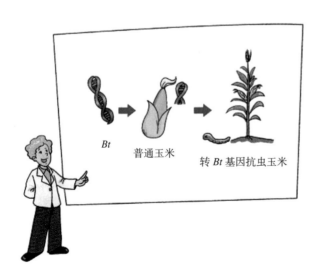

转 Bt 抗虫基因玉米作用示意

对照   抗虫转基因玉米

转基因和非转基因
玉米对照

13. 外源基因是怎么转入玉米的?

　　植物遗传转化技术是指利用重组 DNA 技术、基因转移技术和组织细胞培养技术等,将外源基因导入植物细胞,从而获得转基因植物的技术。1986 年,美国科学家迈克尔·弗洛姆等首次用电击法成功将外源抗除草剂基因 *pat* 导入玉米原生质体中,此后玉米转基因技术的研究得到了迅速发展。转基因方法也呈现出多样化趋势,主要包括农杆菌介导法、基因枪介导法和花粉管通道法等。

① 农杆菌介导法。农杆菌是一种在土壤中普遍存在的革兰氏阴性细菌，在自然条件下能感染大多数双子叶植物的受伤部位，并诱发冠瘿瘤或发状根，实现基因的定向转移。因此，科学家利用农杆菌这种天然特性，建立起了农杆菌的转基因方法，将我们感兴趣的基因转入植物中，用于培育优良的植物新品种。

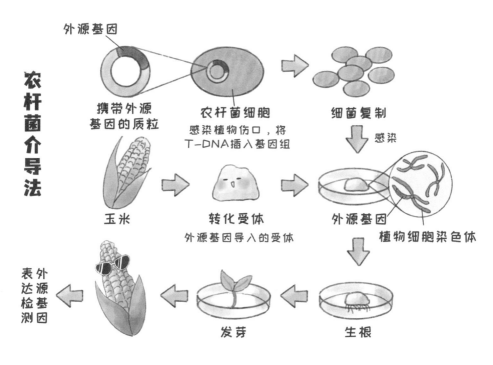

农杆菌介导法

②基因枪介导法。又称粒子轰击、高速粒子喷射技术或基因枪轰击技术，该法是通过动力系统，将带有目的基因的金属颗粒高速发射并轰击植物细胞，达到目的基因转入植物细胞的目的。

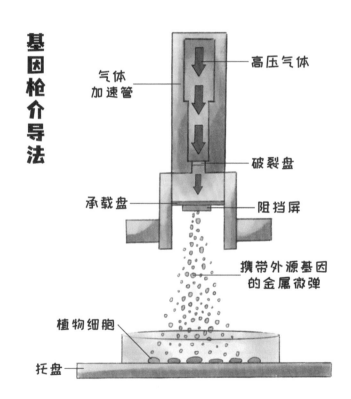

基因枪介导法

基因枪导法

③ 花粉管通道法。在授粉后向子房注射含目的基因的 DNA 溶液,利用植物在开花、受精过程中形成的花粉管通道,将外源 DNA 导入受精卵细胞,并进一步地被整合到受体细胞的基因组中,随着受精卵的发育而成为带转基因的新个体。

花粉管通道法

14. 国内外有哪些转基因玉米？

抗虫转基因玉米　玉米的主要害虫是玉米螟，每年因玉米螟危害造成的损失达到玉米产量的 5% 左右。我国是亚洲玉米螟的多发区和重发区，主要分布于东北、河北、河南、四川、广西等地。目前，主要利用的抗虫基因有苏云金芽孢杆菌的 δ - 内毒素基因和植物来源的其他抗虫基因。我国转基因抗虫玉米的培育主要是将昆虫蛋白酶抑制基因 *Cp*、苏云金芽孢杆菌杀虫结晶蛋白基因 *Bt* 等导入玉米基因组中，使其正确表达，达到抗虫的目的。

抗除草剂转基因玉米　目前抗除草剂转基因玉米品种已被批准商品化种植，有近百个抗除草剂转基因玉米品种在生产上应用，我国运用较多的是 *bar* 基因，该基因可编码针对除草剂中膦化麦黄酮（PPT）的乙酰基转移酶，使 PPT 降解为失活的乙酰化衍生物而使植株免受毒害，因此 *bar* 基因常作为目的基因或选择标记基因在植物基因工程中被广泛应用。

抗病转基因玉米　玉米病害主要有大斑病、小斑病、黑粉病、病毒病、青枯病等，一般采取以农业防治为主、药剂防治为辅的综合防治措施。利用转基因技术则可培育出抗病的转基因玉米品种，可以有效地减少化学药剂的使用量，有利于保护生态环境。

其他转基因玉米　近年来，世界各国都加强了对农业转基因技术的研究，培育出抗干旱、耐盐碱等转基因玉米。德国巴斯夫公司和美国孟山都公司的研究人员利用从枯草杆菌分离的 *cspB* 基因培育出了一种只需极少量水的耐旱玉米品种，适于缺水和炎热的地区生长。2010 年，中国农业科学院独立研发出拥有自主知识产权的粮食作物——转植酸酶基因玉米，并获得农业部正式颁发的农业转基因生物生产应用安全证书。此外，西班牙科学家 Paul Christou 等通过向生长期为 10～14 天的玉米胚胎注入了一系列用 5 种基因包裹的金属颗粒，获得一种富含 3 种维生素（β－胡萝卜素、维生素 C 和叶酸）的转基因玉米。通过谷物补充维生素将帮助解决全世界将近一半人口，特别是发展中国家人口中缺乏多种维生素的问题。

15. 中国可以种植转基因玉米吗？

目前，我国农业农村部还没有批准转基因玉米的商业种植。

转基因作物商业化种植除了要遵守《农业转基因生物安全管理条例》及配套规章规定，并取得农业转基因生物安全证书外，还需要依法办理与生产应用相关的其他手续。如转基因农作物还要按照《种子法》的相关规定进行品种审定和取得种子生产、经营许可后，才能进行生产种植。

2020 年 1 月 21 日，农业农村部为两个转基因玉米品种颁发了农业转基因生物安全证书。这是 10 年来中国首次在主粮领域批准向国产转基因作物颁发农业转基因生物安全证书。

到目前为止，我国批准投入商业化种植的转基因作物只有两种，一是转基因抗虫棉花，二是转基因抗病毒番木瓜。

棉花及其部分产品

番木瓜

16. 转基因玉米的安全性问题?

转基因作物的安全性问题主要体现在以下几方面。

食品安全问题　据美国农业部公布的信息，美国转基因玉米种植比例在 90% 以上。自 1995 年转基因玉米商业化生产应用以来，上亿美国人直接或间接食用转基因玉米已有十余年了，至今未发生一例经过证实的转基因食品安全事故。

过敏问题　外源基因表达的蛋白质可能对人体是过敏原，导致一些人群发生过敏反应。

人类已知的过敏原大约有 500 多种，科学家把转基因作物制造的新蛋白质的化学成分及结构与已知的过敏原一一作比较，如果发现具有一定的相似性就会因此而被放弃。大部分的过敏原都难以消化，因此转基因产生的新蛋白质要检测是否能够快速地被消化，如果不能，该转基因食物就不能供人类食用。在经过了严格的检测和管理之后，含有过敏原的转基因食物能够上市的可能性很小。目前上市的转基因食品没有一种被发现含有新的过敏原。

其实，转基因技术反而可以用来防止食物过敏。有一些人（主要是 5 岁以下的幼儿）会对大豆过敏，主要是由大豆中一种被称为 P34 的蛋白质引起的。科学家用转基因技术让编码 P34 蛋白质的基因停止作用，大豆就不再生产这种过敏原，从而使对大豆过敏的人就可以放心地食用了。

环境安全问题　试验分析表明，转基因玉米在国内种植对生态环境是安全的。

首先，在生存竞争能力方面，转基因玉米与非转基因对照玉米相比，在有性生殖特性和生殖率、花粉传播方式和传播能力、有性可交配种类和异交结实率、花粉离体生存与传播能力、落粒性和落粒率、休眠性和越冬能力、生态适应性和生物量等评价指标上，均未发现明显的差异，在杂草性和入侵性方面也未发现变化。

其次，在基因漂移对生态环境的影响方面，根据国内外文献和对转基因玉米的试验观察，转基因玉米能够向其他栽培玉米发生基因漂移，但其基因漂移的可能性和基本规律与非转基因对照玉米是一致的，没有发现基因漂移对农田生态和自然环境产生不良影响。而且，中国没有玉米野生近缘种，因此不存在转基因向野生种漂移的风险。

最后，对植物病虫害和生物多样性影响方面，根据室内和田间试验分析结果，没有发现转基因玉米对玉米田害虫的生长发育以及玉米病害的发生有影响，也没有发现对玉米田天敌、益虫和节肢动物多样性有不良影响。

17. 怎么判断玉米是否是"转基因玉米"？

转基因玉米无法通过外观来识别，需要专门的检测机构通过检验蛋白质或者核酸才能鉴别是否是转基因品种。因此，所有用肉眼判断的方法都是不靠谱的、错误的。通过颜色、是否能发芽、外表光鲜度来判定，更是无稽之谈。

这是由于转基因玉米所用的外源基因既不参与转基因玉米的外形发育，也不参与转基因玉米的有色物质的合成，所以，从外观上是看不出转基因玉米与普通玉米之间的区别的。

因此，要鉴别转基因玉米还需要借助分子生物学的实验方法，从蛋白质的检测、基因组 DNA 的检测、转录组 RNA 的检测 3 个层面来判断样品材料是否是转基因材料。

分子检测

18. 玉米育种功勋人物

（1）中国种业十大功勋人物、中国紧凑型杂交玉米之父——李登海

李登海，被称为"中国紧凑型杂交玉米之父"，与"杂交水稻之父"袁隆平齐名，共享"南袁北李"的美誉。

在全球玉米栽培史上保持玉米高产纪录的两个人，一个是美国"先锋种子公司"的创始人华莱士，另一个就是中国的李登海，美国人保持的是春玉米的高产纪录，而李登海是世界夏玉米高产纪录的保持者，李登海在创造世界纪录的同时，也为祖国人民带来了粮食大丰收，以致饥饿不再是中国人所面临的难题，被誉为"杂交玉米之父"李登海实至名归。

他是我国玉米育种和栽培专家，通过47年持续不断地开展玉米高产攻关试验，进行了46年156代玉米高产品种的育种创新，率先育出亩产从700千克到1500千克的紧凑型高产玉米新品种，为农民增收、保障国家粮食安全作出重要贡献。育成的120多个紧凑型杂交玉米新品种通过国家和省级审定，在全国累计推广13亿亩，增加社会经济效益1300多亿元。荣获时代楷模、全国优秀共产

李登海玉米田指导
工作

党员、全国先进工作者等荣誉称号，获国家科学技术进步奖一等奖。2009 年当选 100 位新中国成立以来感动中国人物。

（2）中国种业十大功勋人物、玉米育种专家——程相文

程相文老先生毕生致力于玉米新品种选育和高产栽培技术研究工作。

在很多人眼里，海南是享受生活的胜地；而对于程相文，海南是科研工作的天堂。从 1964 年开始，程相文每年有半年时间在海南南繁育种基地工作，连续 50 多年的春节他都是在海南的玉米田里度过的。春节期间是玉米授粉关键期，贴完对联，程相文钻进地里套袋、授粉，时而弯腰观察玉米根系、叶片和穗子，时而指导助手如何分析、利用材料。程相文说："干育种要精益求精，照着 100 分努力，达到 90 分就不赖；目标 80 分，结果可能就不及格。"

2008 年，程相文获评"感动中原"年度人物，组委会在颁奖词中这样描述："40 余载候鸟人生路殊为不易，数十亿元的巨大收益更非寻常，天下粮仓的历史上，南有袁隆平，北有程相文。"程相文荣获中国种业十大功勋人物、全国先进工作者、全国粮食生产突出贡献农业科技人

程相文玉米田指导
工作

员等荣誉称号，获全国五一劳动奖章、国家科技进步一等
奖等荣誉。

19. 玉米谣言粉碎机

　　网上流传的"玉米 12 排籽粒的是非转基因，多于 12
排的则是转基因的"是真的吗　传言中提到的籽粒排数在
玉米生物学中有一个专用名词"穗行数"。1996 年，转基
因作物在全球范围内商业化种植以来，全球累计种植了近
27 亿公顷的转基因作物，但这些转基因作物绝大部分转

入的基因是抗虫或耐除草剂基因，还有少数品质改良（比如黄金大米）和其他与抗旱等相关的基因。因此，穗行数只是玉米产量性状的一个重要指标，但绝不是判断一个玉米是不是转基因玉米的指标。目前，国外商业化种植的转基因玉米都无法通过肉眼来准确判断，只有通过分子检测手段来鉴定，我国目前尚未有商业化种植的转基因玉米。

转基因玉米穗行数
谣言

　　法国科学家证明了转基因玉米可致癌　2012 年，法国卡昂大学教授塞拉利尼发表了一项研究，称用抗除草剂的 NK603 转基因玉米喂养的大鼠，致癌率大幅度上升。此后，欧盟食品安全局的 3 项研究结果在共计耗费 1 500 万欧元后，驳斥了塞拉利尼的结论，其论文在发表 1 年后，也已被杂志撤稿。目前，包括世界卫生组织在内的权威机构均认为，经严格审批上市的转基因食品是安全的。

转基因玉米致癌
大鼠

中国"先玉335事件" 2010年9月,《国际先驱导报》刊登了著名反转记者金微的报道称,山西和吉林一些地区由于种植"转基因玉米品种先玉335"导致当地"老鼠绝迹、母猪流产、羊怀胎困难"。此报道一出即引起很大的社会不安。

随后农业部、科技部、环保部和中国农科院为此专门派出了调查组,走访了该报道所提到的村庄,找相关村民询问,与当地农业畜牧部门进行座谈,并对当地经销商销售的玉米种子及农民院里刚刚收获的玉米进行了取样检测。所有调查结果都证明,该报道纯属子虚乌有,先玉335也不是转基因玉米。该报道后来还被中国经济网列入当年有关转基因的"十大谣言"。虽然后来此谣言已基本无人相信,但是由它引起的社会骚动,以及为辟谣所耗费的巨大社会成本却是无法挽回的。

在中国,有关转基因玉米的进口、试验与销售是需要经过国家农业转基因生物安全委员会专家们的严格评审和农业农村部的审批才能进行的。

以上剖析表明,这些"转基因安全事例"均缺乏科学的依据,但却被反对转基因的人士利用并且传播甚广。

转基因研究的开展在解决人类面临的环境恶化、资

新闻记者

源匮乏、效益衰减等问题上发挥了巨大的作用。随着技术
进步，其作用将越来越大。我们要清醒地看到，转基因技
术是被逐渐广泛应用的一项新技术，是科学造福人类的重
要体现。

目前，各国政府对转基因植物的商品化都制定了严
格的准入制度，对转基因食品更是制定了严格的安全性评
价体系，包括相关机构和法律法规等，并对转基因作物的
实验室实验、大田实验、产业化申请审批，以及种植过程
中的环境监控和种植产品的安全性检测都作了详细的法
律规定，有力而稳妥地推动了转基因技术的推广和应用。

20. 农业转基因生物安全证书

农业转基因生物安全证书是由国家农业行政主管部门颁发的、表明农业转基因生物安全性的证书。从事农业转基因生物安全试验的单位在生产性试验结束后，可以向国家农业行政主管部门申请领取农业转基因生物安全证书。提出申请时，应当提供农业转基因生物的安全等级和确定安全等级的依据、由农业转基因生物技术检测机构出具的检测报告、生产性试验的总结报告，以及国家农业行政主管部门规定的其他材料。国家农业行政主管部门收到申请后，应当组织国家农业转基因生物安全委员会进行安全评价。对安全评价合格的，颁发农业转基因生物安全证书。

自农业部第 349 号公告发布之日（2004 年 2 月 23 日）起至今，农业部开始受理境内外贸易商的《农业转基因生物安全证书（进口）》申请，以及境内企业、科研院所和高校的《农业转基因生物安全证书（生产应用）》申请。

2019—2022 年农业农村部批准发放的农业转基因生物安全证书（进口）清单如下（数据来源：农业农村部信息中心）。

2019 年农业转基因生物安全证书（进口）批准清单

序号	审批编号	转基因生物	单位	用途	有效期
1	农基安证字（2019）第 001 号	抗虫大豆 DAS-81419-2	陶氏益农公司	加工原料	2019 年 12 月 2 日至 2022 年 12 月 2 日
2	农基安证字（2019）第 002 号	抗病番木瓜 55-1	美国农业部农业研究中心太平洋盆地农业研究中心夏威夷大学	加工原料	2019 年 12 月 2 日至 2022 年 12 月 2 日
3	农基安证字（2019）第 003 号（续申请）	抗除草剂玉米 T25	巴斯夫种业有限公司	加工原料	2019 年 12 月 2 日至 2022 年 12 月 2 日
4	农基安证字（2019）第 004 号（续申请）	抗除草剂大豆 A5547-127	巴斯夫种业有限公司	加工原料	2019 年 12 月 2 日至 2022 年 12 月 2 日
5	农基安证字（2019）第 005 号（续申请）	抗除草剂大豆 MON89788	孟山都远东有限公司	加工原料	2019 年 12 月 2 日至 2022 年 12 月 2 日
6	农基安证字（2019）第 006 号（续申请）	品质改良抗除草剂大豆 305423×GTS40-3-2	先锋国际良种公司	加工原料	2019 年 12 月 2 日至 2022 年 12 月 2 日

（续表）

序号	审批编号	转基因生物	单位	用途	有效期
7	农基安证字（2019）第007号（续申请）	品质改良大豆305423	先锋国际良种公司	加工原料	2019年12月2日至2022年12月2日
8	农基安证字（2019）第008号（续申请）	抗虫棉花15985	孟山都远东有限公司	加工原料	2019年12月2日至2024年12月2日
9	农基安证字（2019）第009号（续申请）	抗除草剂油菜T45	巴斯夫种业有限公司	加工原料	2019年12月2日至2022年12月2日
10	农基安证字（2019）第010号（续申请）	抗除草剂油菜Oxy-235	巴斯夫种业有限公司	加工原料	2019年12月2日至2022年12月2日
11	农基安证字（2019）第011号（续申请）	抗除草剂油菜Ms8Rf3	巴斯夫种业有限公司	加工原料	2019年12月2日至2022年12月2日
12	农基安证字（2019）第012号（续申请）	抗除草剂甜菜H7-1	孟山都远东有限公司科沃施种子欧洲股份公司	加工原料	2019年12月2日至2022年12月2日

2020 年农业转基因生物安全证书（进口）批准清单（一）

序号	审批编号	转基因生物	申报单位	用途	有效期
1	农基安证字（2020）第 001 号	耐除草剂大豆 DBN－09004－6	北京大北农生物技术有限公司	加工原料	2020 年 6 月 11 日至 2025 年 6 月 11 日
2	农基安证字（2020）第 002 号	抗虫大豆 MON87751	孟山都远东有限公司	加工原料	2020 年 6 月 11 日至 2025 年 6 月 11 日
3	农基安证字（2020）第 003 号（续申请）	耐除草剂玉米 MON87427	孟山都远东有限公司	加工原料	2020 年 6 月 11 日至 2025 年 6 月 11 日
4	农基安证字（2020）第 004 号（续申请）	耐除草剂玉米 DAS－40278－9	陶氏益农公司	加工原料	2020 年 6 月 11 日至 2025 年 6 月 11 日
5	农基安证字（2020）第 005 号（续申请）	抗虫玉米 5307	先正达农作物保护股份公司	加工原料	2020 年 6 月 11 日至 2025 年 6 月 11 日
6	农基安证字（2020）第 006 号（续申请）	抗虫耐除草剂玉米 Bt11×GA21	先正达农作物保护股份公司	加工原料	2020 年 6 月 11 日至 2025 年 6 月 11 日
7	农基安证字（2020）第 007 号（续申请）	抗虫玉米 MIR162	先正达农作物保护股份公司	加工原料	2020 年 6 月 11 日至 2025 年 6 月 11 日
8	农基安证字（2020）第 008 号（续申请）	品质性状改良耐除草剂大豆 MON87705	孟山都远东有限公司	加工原料	2020 年 6 月 11 日至 2025 年 6 月 11 日

2020 年农业转基因生物安全证书（进口）批准清单（二）

序号	审批编号	转基因生物	申报单位	用途	有效期
1	农基安证字（2020）第 197 号	抗虫耐除草剂玉米 MON87411	拜耳作物科学公司	加工原料	2020 年 12 月 29 日至 2025 年 12 月 28 日
2	农基安证字（2020）第 198 号	抗虫耐除草剂玉米 MZIR098	先正达农作物保护股份有限公司	加工原料	2020 年 12 月 29 日至 2025 年 12 月 28 日
3	农基安证字（2020）第 199 号（续申请）	耐除草剂棉花 GHB614	巴斯夫种业有限公司	加工原料	2020 年 12 月 29 日至 2025 年 12 月 28 日
4	农基安证字（2020）第 200 号（续申请）	耐除草剂棉花 LLCotton25	巴斯夫种业有限公司	加工原料	2020 年 12 月 29 日至 2025 年 12 月 28 日
5	农基安证字（2020）第 201 号（续申请）	抗虫棉花 COT102	先正达农作物保护股份有限公司	加工原料	2020 年 12 月 29 日至 2025 年 12 月 28 日

2021 年农业转基因生物安全证书（进口）批准清单

序号	审批编号	申报单位	项目名称	有效期
1	农基安证字（2021）第 302 号（续申请）	拜耳作物科学公司	转 cry1Ab 基因抗虫玉米 MON810 进口用作加工原料的安全证书	2021 年 12 月 17 日至 2026 年 12 月 16 日
2	农基安证字（2021）第 303 号（续申请）	拜耳作物科学公司	转 cspB 基因耐旱玉米 MON87460 进口用作加工原料的安全证书	2021 年 12 月 17 日至 2026 年 12 月 16 日
3	农基安证字（2021）第 304 号（续申请）	拜耳作物科学公司	转 cry3Bb1 和 cp4epsps 基因抗虫耐除草剂玉米 MON88017 进口用作加工原料的安全证书	2021 年 12 月 17 日至 2026 年 12 月 16 日
4	农基安证字（2021）第 305 号（续申请）	拜耳作物科学公司	转 cry1A.105 和 cry2Ab2 基因抗虫玉米 MON89034 进口用作加工原料的安全证书	2021 年 12 月 17 日至 2026 年 12 月 16 日
5	农基安证字（2021）第 306 号（续申请）	拜耳作物科学公司	转 cp4epsps 基因抗除草剂玉米 NK603 进口用作加工原料的安全证书	2021 年 12 月 17 日至 2026 年 12 月 16 日
6	农基安证字（2021）第 307 号（续申请）	拜耳作物科学公司	转 cp4epsps 基因抗除草剂大豆 GTS40-3-2 进口用作加工原料的安全证书	2021 年 12 月 17 日至 2026 年 12 月 16 日

（续表）

序号	审批编号	申报单位	项目名称	有效期
7	农基安证字（2021）第 308 号（续申请）	拜耳作物科学公司	转 cry1Ac 基因抗虫大豆 MON87701 进口用作加工原料的安全证书	2021 年 12 月 17 日至 2026 年 12 月 16 日
8	农基安证字（2021）第 309 号（续申请）	拜耳作物科学公司	转 Pj.D6D 和 Nc.Fad3 基因品质性状改良大豆 MON87769 进口用作加工原料的安全证书	2021 年 12 月 17 日至 2026 年 12 月 16 日
9	农基安证字（2021）第 310 号	拜耳作物科学公司	转 cry1Ac 和 cp4epsps 基因抗虫耐除草剂大豆	2021 年 12 月 17 日至 2026 年 12 月 16 日
10	农基安证字（2021）第 311 号（续申请）	拜耳作物科学公司	转 dmo 基因耐除草剂大豆 MON87708 进口用作加工原料的安全证书	2021 年 12 月 17 日至 2026 年 12 月 16 日
11	农基安证字（2021）第 312 号（续申请）	拜耳作物科学公司	转 cp4epsps 和 goxv247 基因抗除草剂油菜 GT73 进口用作加工原料的安全证书	2021 年 12 月 17 日至 2026 年 12 月 16 日
12	农基安证字（2021）第 313 号（续申请）	拜耳作物科学公司	转 cp4epsps 基因耐除草剂油菜 MON88302 进口用作加工原料的安全证书	2021 年 12 月 17 日至 2026 年 12 月 16 日

（续表）

序号	审批编号	申报单位	项目名称	有效期
13	农基安证字（2021）第 314 号（续申请）	科迪华农业科技有限责任公司	转 cry1F、cry34Ab1、cry35Ab1 和 pat 基因抗虫耐除草剂玉米 DP4114 进口用作加工原料的安全证书	2021 年 12 月 17 日至 2026 年 12 月 16 日
14	农基安证字（2021）第 315 号（续申请）	科迪华农业科技有限责任公司	转 cry34Ab1 和 cry35Ab1 基因抗虫玉米 59122 进口用作加工原料的安全证书	2021 年 12 月 17 日至 2026 年 12 月 16 日
15	农基安证字（2021）第 316 号（续申请）	科迪华农业科技有限责任公司	转 cry1F 基因抗虫玉米 TC1507 进口用作加工原料的安全证书	2021 年 12 月 17 日至 2026 年 12 月 16 日
16	农基安证字（2021）第 317 号（续申请）	巴斯夫农化有限公司	转 csr1-2 基因抗除草剂大豆 CV127 进口用作加工原料的安全证书	2021 年 12 月 17 日至 2026 年 12 月 16 日
17	农基安证字（2021）第 318 号（续申请）	巴斯夫种业有限公司	转 pat 基因抗除草剂大豆 A2704-12 进口用作加工原料的安全证书	2021 年 12 月 17 日至 2026 年 12 月 16 日
18	农基安证字（2021）第 319 号（续申请）	科迪华农业科技有限责任公司	转 2mepsps、aad-12 和 pat 基因耐除草剂大豆 DAS-44406-6 进口用作加工原料的安全证书	2021 年 12 月 17 日至 2026 年 12 月 16 日

（续表）

序号	审批编号	申报单位	项目名称	有效期
19	农基安证字（2021）第 320 号	巴斯夫种业有限公司	转 bar、barnase 和 barstar 基因抗除草剂油	2021 年 12 月 17 日至 2026 年 12 月 16 日
20	农基安证字（2021）第 321 号（续申请）	巴斯夫种业有限公司	转 bar、barnase 和 barstar 基因抗除草剂油菜 Ms1Rf2 进口用作加工原料的安全证书	2021 年 12 月 17 日至 2026 年 12 月 16 日
21	农基安证字（2021）第 322 号（续申请）	巴斯夫种业有限公司	转 bar 和 barstar 基因耐除草剂油菜 RF3 进口用作加工原料的安全证书	2021 年 12 月 17 日至 2026 年 12 月 16 日
22	农基安证字（2021）第 323 号（续申请）	巴斯夫种业有限公司	转 pat 基因抗除草剂油菜 Topas19/2 进口用作加工原料的安全证书	2021 年 12 月 17 日至 2026 年 12 月 16 日
23	农基安证字（2021）第 324 号（续申请）	先正达农作物保护股份公司	转 cry1Ab 基因抗虫玉米 Bt11 进口用作加工原料的安全证书	2021 年 12 月 17 日至 2026 年 12 月 16 日
24	农基安证字（2021）第 325 号（续申请）	先正达农作物保护股份公司	转 cry1Ab 基因抗虫玉米 Bt176 进口用作加工原料的安全证书	2021 年 12 月 17 日至 2026 年 12 月 16 日

（续表）

序号	审批编号	申报单位	项目名称	有效期
25	农基安证字（2021）第 326 号（续申请）	先正达作物保护股份公司	转 mepsps 基因抗除草剂玉米 GA21 进口用作加工原料的安全证书	2021 年 12 月 17 日至 2026 年 12 月 16 日
26	农基安证字（2021）第 327 号（续申请）	先正达作物保护股份公司	转 amy797E 基因品质改良玉米 3272 进口用作加工原料的安全证书	2021 年 12 月 17 日至 2026 年 12 月 16 日
27	农基安证字（2021）第 328 号（续申请）	先正达作物保护股份公司	转 mcry3A 基因抗虫玉米 MIR604 进口用作加工原料的安全证书	2021 年 12 月 17 日至 2026 年 12 月 16 日
28	农基安证字（2021）第 329 号（续申请）	先正达作物保护股份公司 巴斯夫种业有限公司	转 avhppd-03 和 pat 基因的耐除草剂大豆 SYHT0H2 进口用作加工原料的安全证书	2021 年 12 月 17 日至 2026 年 12 月 16 日
29	农基安证字（2021）第 330 号（续申请）	先正达作物保护股份公司	转 2mepsps 和 hppdPW336 基因的耐除草剂大豆 FG72 进口用作加工原料的安全证书	2021 年 12 月 17 日至 2026 年 12 月 16 日
30	农基安证字（2021）第 331 号（续申请）	拜耳作物科学公司	转 cp4epsps 基因抗除草剂棉花 MON1445 进口用作加工原料的安全证书	2021 年 12 月 17 日至 2026 年 12 月 16 日

（续表）

序号	审批编号	申报单位	项目名称	有效期
31	农基安证字（2021）第 332 号（续申请）	拜耳作物科学公司	转 cp4epsps 基因抗除草剂棉花 MON88913 进口用作加工原料的安全证书	2021 年 12 月 17 日至 2026 年 12 月 16 日
32	农基安证字（2021）第 333 号（续申请）	拜耳作物科学公司	转 cry1Ac 基因抗虫棉花 531 进口用作加工原料的安全证书	2021 年 12 月 17 日至 2026 年 12 月 16 日
33	农基安证字（2021）第 334 号	科迪华农业科技有限责任公司	转 cry1F 基因抗虫棉花 DAS-24236-5 进口用作加工原料的安全证书	2021 年 12 月 17 日至 2026 年 12 月 16 日
34	农基安证字（2021）第 335 号	科迪华农业科技有限责任公司	转 cry1AC 基因抗虫棉花 DAS-21023-5 进口用作加工原料的安全证书	2021 年 12 月 17 日至 2026 年 12 月 16 日

2022 年农业转基因生物安全证书（进口）批准清单（一）

序号	审批编号	申报单位	项目名称	有效期
1	农基安证字（2022）第 001 号（续申请）	拜耳作物科学公司	转 cp4epsps 基因耐除草剂大豆 MON89788 进口用作加工原料的安全证书	2022 年 4 月 22 日至 2027 年 4 月 21 日
2	农基安证字（2022）第 002 号（续申请）	科迪华农业科技有限责任公司	转 cry1Fv3 和 cry1Ac (synpro) 基因抗虫大豆 DAS-81419-2 进口用作加工原料的安全证书	2022 年 4 月 22 日至 2027 年 4 月 21 日
3	农基安证字（2022）第 003 号（续申请）	科迪华农业科技有限责任公司	转 gm-fad2-1 基因品质性状改良大豆 305423 进口用作加工原料的安全证书	2022 年 4 月 22 日至 2027 年 4 月 21 日
4	农基安证字（2022）第 004 号（续申请）	科迪华农业科技有限责任公司	聚合 gm-fad2-1 和 cp4epsps 基因品质性状改良耐除草剂大豆 305423×GTS40-3-2 进口用作加工原料的安全证书	2022 年 4 月 22 日至 2027 年 4 月 21 日
5	农基安证字（2022）第 005 号（续申请）	巴斯夫种业有限公司	转 pat 基因耐除草剂大豆 A5547-127 进口用作加工原料的安全证书	2022 年 4 月 22 日至 2027 年 4 月 21 日

（续表）

序号	审批编号	申报单位	项目名称	有效期
6	农基安证字（2022）第 006 号（续申请）	巴斯夫种业有限公司	转 pat 基因耐除草剂玉米 T25 进口用作加工原料的安全证书	2022 年 4 月 22 日至 2027 年 4 月 21 日
7	农基安证字（2022）第 007 号（续申请）	拜耳作物科学公司科沃施种子欧洲股份公司	转 cp4epsps 基因耐除草剂甜菜 H7-1 进口用作加工原料的安全证书	2022 年 4 月 22 日至 2027 年 4 月 21 日
8	农基安证字（2022）第 008 号（续申请）	巴斯夫种业有限公司	转 bar、barnase 和 barstar 基因耐除草剂油菜 Ms8Rf3 进口用作加工原料的安全证书	2022 年 4 月 22 日至 2027 年 4 月 21 日
9	农基安证字（2022）第 009 号（续申请）	巴斯夫种业有限公司	转 pat 基因耐除草剂油菜 T45 进口用作加工原料的安全证书	2022 年 4 月 22 日至 2027 年 4 月 21 日
10	农基安证字（2022）第 010 号（续申请）	巴斯夫种业有限公司	转 bxn 基因耐除草剂油菜 Oxy-235 进口用作加工原料的安全证书	2022 年 4 月 22 日至 2027 年 4 月 21 日
11	农基安证字（2022）第 011 号	罗萨里奥农业生物技术学院公司	转 HaHB4 基因抗逆大豆 IND-004Ø10-5 进口用作加工原料的安全证书	2022 年 4 月 22 日至 2027 年 4 月 21 日

参考文献

［1］郑南. 美洲原产作物的传入及其对中国社会影响问题的研究［D］. 浙江大学，2010.

［2］曹玲. 明清美洲粮食作物传入中国研究综述［J］. 古今农业，2004（02）：95-103.

［3］陈强强. 1949年以前西藏农作物的种类及其栽培与引进考述［J］. 农业考古，2021（03）：55-63.

［4］吕学高. 不同株型玉米在不同海拔地区籽粒产量、品质差异及其生理机理研究［D］. 西南大学，2008.

［5］林双立，吴兵，胡铁欣，等. 特用玉米栽培技术探讨［J］. 现代农业科技，2009（24）：31-33.

［6］曾传龙，谢标洪. 玉米三大病害和两大害虫的防治技术［J］. 农家顾问，2016（07）：42-43.

［7］王宗红. 浅议玉米种植与病虫害防治技术［J］. 广东蚕业，2021，55（07）：63-64.

［8］熊建文，彭端，韦剑锋. 转基因玉米研究与应用进展［J］. 广东农业科学，2012，39（06）：27-29+44.

［9］段灿星，孙素丽，朱振东. 全球转基因作物的发展状况［J］. 科技传播，2020，12（24）：29-31+48.

［10］张彦琴. 玉米转基因技术研究现状及发展趋势［J］. 安徽农业科学，2015，43（32）：197-199.

［11］本刊综合.“中国紧凑型杂交玉米之父”李登海［J］.粮
食科技与经济，2020，45（11）：8-9.

［12］乔金亮.“我一天也离不开玉米”［N］.经济日报，2019-
08-31（006）.

［13］郑慧洁.“转基因技术”网络评论文明程度与风险认知的
关系研究［D］.西南大学，2015.

［14］王功伟.盘点转基因农作物安全性争议事件［J］.今日
科苑，2011（08）：94-97.

［15］剖析国际十大“转基因安全事例”［J］.中国农业信息，
2013（04）：10-12.